Reponses
aux Debats.

RÉPONSE

AUX ARTICLES

DU JOURNAL DES DÉBATS,

CONTRE

LE MAGNÉTISME ANIMAL.

PARIS,

J. G. DENTU, IMPRIMEUR-LIBRAIRE,

rue des Petits-Augustins, n° 5 (ancien hôtel de Persan).

1816.

AVIS.

—

Paris, 8 juillet 1816.

LA lettre qui va suivre a été, depuis le 28 juin
dernier jusqu'au 8 courant , présentée succes-
sivement à cinq journalistes de Paris : tous
lui ont refusé les honneurs de l'insertion. Je
ne désignerai que celui du journal des Débats,
parce que cette lettre était destinée à servir
de réponse à l'article que l'un des rédacteurs
de ce journal y a publié contre le magnétisme
animal, le 24 du même mois de juin. J'avais
cependant fait observer que cette réponse
était de vingt à trente lignes plus courte que
l'article qui en était l'objet; mais le magnétisme (dont l'existence déjà reconnue par un
grand nombre de savans et de médecins dis-

tingués de tout les pays) inspire tant d'aver-
sion aux rédacteurs du journal des Débats,
qu'ils croient devoir le repousser et tâcher de
l'anéantir. On demande s'il est juste que leur
feuille devienne un dépôt injurieux aux partisans d'une science qui excite tant d'intérêt,
et sans qu'on puisse, dans le même journal,
répondre à celui de leurs collaborateurs qui
se permet de l'attaquer sans ménagement? Le
public jugera si les manières de ce rédacteur
sont civiles, et s'il a employé sans réplique,
l'arme banale du ridicule, cette arme diri-
gée si souvent contre ce qu'on ne comprend
pas. Les adversaires déclarés du magnétisme,
en n'hésitant pas de donner le nom de *secte*
aux magnétiseurs et à leurs partisans, doivent craindre aussi de passer pour une *coterie*, dont les membres solidaires les uns
pour les autres, auraient juré de s'opposer à

(v)

l'examen de cette science qu'ils ne veulent pas approfondir, et dont ils croient de leur intérêt d'arrêter les progrès.

Je laisse donc Messieurs du journal des Débats se retrancher sur leur feuille, comme dans un fort inexpugnable. Je ne m'oppose pas qu'ils y jouissent, à leur aise, du plaisir de s'y encenser réciproquement, et de s'y procurer exclusivement un grand* nombre de lecteurs : mais doivent - ils réduire au silence ceux qu'ils veulent attaquer impunément ? Ce genre de combat paraît être dans leurs principes. Je me contenterai donc de soumettre les pièces qui suivent, à l'impartialité de ceux qui daigneront les accueillir.

L. B.

RÉPONSE

AUX ARTICLES

DU JOURNAL DES DÉBATS,

CONTRE

LE MAGNÉTISME ANIMAL.

Paris, 28 juin 1816.

MONSIEUR,

En dépit de votre incrédulité, et malgré la critique pleine de sel et d'esprit que vous venez de publier contre le magnétisme animal, vous avez produit un phénomène magnétique; vous avez fait un somnambule lucide : c'est la lecture de votre écrit qui a opéré ce prodige. Permettez-moi de vous en faire part; et lisez, si vous en avez le loisir.

Le 24 juin, jour même auquel parut votre

article, j'en fis la lecture au milieu d'un cercle assez nombreux; il fut écouté en silence jusqu'à la fin, lorsque tout à coup un enfant de dix ans, qui était présent, s'agite d'une manière extraordinaire et attire sur lui toute l'attention. On s'empresse autour de cet enfant, on veut lui porter du secours; j'avance aussi, et, d'un seul geste magnétique, je le calmai en deux minutes ; puis, m'approchant de l'oreille de ce somnambule, je lui demandai : Comment vous trouvez - vous ? — Bien. — Pourquoi avez-vous éprouvé tant d'agitation? — C'est votre lecture qui en est la cause. — Pourriez-vous faire connaître l'effet qu'elle a produit en vous? — Ce que j'ai ressenti a fait naître en moi un torrent d'idées et de réflexions. J'étoufferai, si je les concentre. — Eh bien, soulagez-vous, et faites-nous part de vos réflexions.

Le somnambule s'exprima ainsi : « J'ai vu un auteur tout à la fois savant et non savant, instruit sur beaucoup de choses, mais ne connaissant point le magnétisme animal. Il l'a observé en passant, mais il ne l'a point suivi ni pratiqué : ses idées sont fausses sur cette science sublime qu'il n'a point étudiée; il veut prononcer sur une matière aussi abstraite, et il méconnaît le fluide universel dans lequel tout ce qui existe est plongé ; de ce fluide éminemment subtil qui transmet à tous les êtres, l'action mutuelle qui les modifie ; de ce fluide enfin qui pénètre d'une manière indéfinie toutes les organisations au moyen des poles destinés à les recevoir. Il n'a jamais entendu parler de cette pensée , aussi vaste que profonde , qui fait entrevoir le système dans lequel l'économie particulière de l'homme se trouve intimement appartenir à l'économie du monde entier. Il ignore que la théorie de nos sensations s'unit à la théorie de ce mouvement général qui a fait tout dans l'univers. Il ne se doute pas que le magnétisme animal est cette influence qui résulte de l'action réciproque de tous les êtres qui se balancent entre eux , et gravitent les uns sur les autres ; cette influence enfin , plus ou moins considérable en raison de la masse des êtres ainsi que de leurs distances et de leurs analogies : il croit naïvement que la simple lecture de quelques ouvrages sur une science aussi profonde et aussi peu avancée , lui a suffi pour le rendre capable de la juger. Il n'a point abordé les questions importantes ni sondé les grandes vérités relatives au magnétisme ; de ces vérités qui seront encore

*

pour quelque temps un écueil contre lequel l'orgueil des savans viendra se briser. »

Ici l'auditoire, composé de croyans, de semi-croyans et de *mécréans*, était stupéfait de ce débordement de paroles de la part d'un enfant de dix ans. J'entendis distinctement un des assistans s'écrier : « Quel galimatias ! on n'y comprend rien. » Je voulus réveiller cet enfant pour lui imposer silence ; la majorité s'y opposa : en conséquence, je braquai de nouveau mes doigts vers le somnambule, pour le maintenir dans son degré de lucidité. Je lui demandai : N'avez-vous rien de plus à dire ?—Je n'ai pas tout dit ; j'ai encore des réflexions à faire sur plusieurs passages du journal.—Voulez-vous, ajoutai-je, que je vous le relise ?—Non, mais je veux l'avoir présent pour en faire moi-même la lecture. Je lui remis aussitôt le journal. Le somnambule avait les yeux fermés, et chacun s'attendait à surprendre sur le fait, le miracle somnambulique qui consiste à lire mot pour mot sans le secours des yeux. L'enfant thaumaturge, se levant avec vivacité, dit d'un air ému : Qu'il sache que ce n'est pas seulement *avec son dos ou avec son ventre qu'on peut lire ;* puis, en se rasseyant, il continua de la sorte : « Je lis dans l'écrit du rédac-

teur : *Mon devoir est de critiquer ;* cependant
notre savant critique ne connaît pas lés prin-
cipales règles de son art. Dans les grandes
questions sur lesquelles les opinions sont par-
tagées, un juge habile est impartial, il balance
les intérêts des deux parties , et ce n'est que
dans les conclusions qu'il laisse percer son avis.
Quant à notre critique de profession , il dé-
voile dès son début ses intentions hostiles.
Ce n'est plus un arbitre, mais c'est un ennemi
armé offensivement , et qui veut , contre
toutes les règles de l'équité , se porter à la fois
juge et partie. Monsieur le rédacteur avoue
ingénument d'avoir antérieurement *toujours
parlé avec irrévérence des guérisons magnétiques.* Il emploie sans ménagement les trop
faciles et inépuisables moyens de l'arme du
ridicule ; il le déverse à pleines mains contre
ses adversaires ; il envoie impitoyablement
tous leurs partisans à l'hôpital des fous, et les
recommande charitablement au docteur Pi-
nel, dont il leur indique le *Traité sur l'aliéna-
tion mentale.* Cependant il assure qu'il ne lui
est pas permis de manquer de politesse , et il
en donne une nouvelle preuve dans la manière
civile dont il remercie les rédacteurs des Annales du magnétisme. *J'en reçois ,* dit-il, *pé-*

riodiquement l'inappréciable cadeau : il appelle ce cadeau *une mine féconde en prédictions, en miracles pour les bonnes gens ;* c'est-à-dire pour les idiots et les pauvres d'esprit. Il paye l'hommage qu'on lui a fait de ces Annales par cette exclamation très-polie : *Quels sont donc mes titres à cette faveur? pourquoi m'envoient ils leurs feuilles avec tant de persévérance?* C'est là assurément une reconnaissance délicate : cependant, si ce léger *cadeau* lui inspirait tant de dégoût, il était plus naturel de prier qu'on en cessât l'envoi, sans mettre le public dans la confidenee de ses dédains. Après tout, cette plaisante manière de remercier, qui n'est point un compliment flatteur, est encore moins un argument contre le magnétisme. Il est à remarquer que la bonne foi de ce critique est presqu'héroïque ; elle va jusqu'à compromettre son incrédulité. *J'avoue*, dit-il, *avoir soutenu qu'il y a des effets réels dans ce qu'on appelle* maguétisme, puis il ajoute : *qu'on nomme improprement* magnétisme animal. Cette savante distinction doit probablement, suivant notre auteur, réduire le magnétisme animal à zéro. D'un autre côté, il assure *avoir vu de ces effets qui n'ont pu être simulés, et sur lesquels il n'a pu se tromper.* Que conclure de tant de contradictions, sinon que notre savant croit et ne croit pas au magnétisme animal, ce qui est très-prudent de sa part : il ne voudrait pas avoir la honte d'être taxé d'une ignorance grossière sur une science dont il n'est plus possible de contester l'existence, et qui, malgré l'opposition *des savans et des gens d'esprit,* commence à s'asseoir sur des bases irrécusables. Ce n'est pas tout, notre implacable adversaire essaie, à nos dépens, de faire sa cour aux savans académiciens, à cela près d'une petite irrévérence qu'il commet envers *les quarante,* en redoutant pour eux *les mauvais tours des endormeurs magnétiques.* Il nous rappelle que l'Académie des sciences a condamné le magnétisme animal il y a trente-deux ans, et que les sociétés de médecine en ont nié jusqu'à l'existence. Non content de s'étayer de jugemens d'une infaillibilité aussi désespérante, il lâche à nos trousses une légion de messieurs en ISTE, de dix espèces différentes, et entre autres des *icthiologistes,* des *tétrapodologistes,* des *entomologistes,* etc..... qui, suivant notre profond critique, ont, à ce qu'il paraît, une antipathie insurmontable contre le magnétisme, ce qui est très-spirituel. Il espère bien aussi que les médecins d'aujourd'hui ne désavoûront jamais les anathèmes que leurs prédécesseurs fulminèrent jadis avec tant de bonne foi et de justice , non-seulement contre le magnétisme animal , mais encore contre ceux de leurs confrères qui osaient déchiffrer le grimoire somnambulique, dont la révélation nous a été faite par M. le marquis de Puységur. Notre ardent rédacteur a soin de nommer quelques-uns des médecins de Paris qui ont le plus de réputation : il nous les présente comme ceux dont nous avons tout à redouter. Il se donne mission pour les passer en revue, en faire l'appel nominal , les exciter au combat , leur prescrire de ne rien rabattre des préjugés de leurs devanciers. Il semble craindre enfin que la désertion ne se mette dans les rangs. Il pousse l'obligeance jusqu'à nous prévenir de tout ce que nous avons à craindre du nouveau dictionnaire de la matière médicale. Il annonce notre prochaine agonie ; il déclare qu'il ne nous reste plus que quelques instans d'existence, l'heure fatale va sonner, le répertoire alphabétique arrive à la lettre M , et le magnétisme animal y sera anéanti. Cependant notre prévoyant auteur ne paraît pas entièrement rassuré ; il craint toujours que le serpent magnétique qu'il veut écraser, ne relève sa tête avec fierté pour le siffler. Il serait désespéré que ce reptile sacré, *en s'entortillant autour du LITUUS*, devînt le serpent favori d'Esculape et le symbole de la vie et de la santé. Il imagine, par précaution, de lui susciter une querelle d'un nouveau genre. Ce n'est pas sans dessein qu'il parle d'*Orthodoxie*, de *Bible*, d'*Evangile*, du *doigt de Dieu*. Il faut bien faire attention que des attaques de ce genre, mettent sur la voie de faire au magnétisme des reproches plus sérieux : mais les intentions de notre adversaire ne peuvent pas être perfides : les chemises souffrées ne sont plus de mode. — Je voulus en vain mettre un terme aux rêveries somnambuliques de notre jeune radoteur; les assistans désirèrent encore l'écouter : alors m'adressant au somnambule, je lui fis sentir toute l'inconvenance de régenter un savant, un critique éclairé, un écrivain de réputation. Oui ! me dit-il; mais c'est précisément parce qu'il est homme de *beaucoup d'esprit*, que je veux lui apprendre qu'il n'appartient pas à tous les savans de prononcer sur le mérite et la réalité d'une découverte. Rarement un savant qui a recueilli, qui a comparé beaucoup d'idées déjà connues, peut se soumettre au génie qui lui annonce un ordre de vérités nouvelles. L'esprit a ses habitudes, auxquelles il renonce difficilement. Les habitudes de l'esprit sont des opinions : elles sont plus ou moins profondes, selon qu'il les a plus ou moins travaillées. Une opinion fondée sur le rapprochement de beaucoup d'objets, ne peut être ébranlée et renversée, sans entraîner avec elle une foule d'opinions secondaires. C'est une résistance presqu'impossible à vaincre. Or, les savans travaillent plus en général leurs opinions que les autres hommes. Ils mettent ensemble une plus grande masse de réflexions et d'idées. Leur esprit a donc des habitudes plus profondes à détruire. Il en résulte qu'à l'apparition d'un nouveau système, ils ont plus de préjugés à surmonter. Le génie qui veut se faire comprendre par de tels hommes, a donc à combattre des préjugés : il a, en outre, à lutter contre l'orgueil, apanage ordinaire de l'homme qui a beaucoup appris. Ce ne sont pas des ignorans qui ont combattu les plus belles découvertes. Quand un homme de génie paraît dans les sciences, il brise les liens de l'intelligence humaine, et porte plus loin les bornes qu'elle semblait ne pouvoir franchir. Les savans qui ont passé leur temps à prouver qu'on ne peut aller au-delà, s'agitent contre l'homme de génie, répriment son essor, et s'efforcent de le fatiguer dans sa marche. Les savans ne sont pas toujours exempts d'être rapetissés par les passions humaines : témoin les basses et cruelles persécutions qu'ils ont fait éprouver à plus d'un homme de génie. Les philosophes eux-mêmes souvent sont intolérans pour les opinions qui heurtent celles qu'ils ont adoptées.

Il était tard, j'interrompis cet infatigable parleur, pour lui rappeler que le but du magnétisme était de faire du bien à ses semblables, au moral comme au physique. Je lui ordonnai de s'occuper de la guérison du redoutable adversaire dont il était si préoccupé. »

« Voici ma recette, répondit le somnambule. Dites-lui d'étudier, de réfléchir, de méditer. Dites-lui d'observer et de pratiquer le magnétisme animal, s'il veut le juger. Dites-lui de séparer la cause de cette science, d'avec les imperfections de ceux qui l'aiment et la cultivent. Dites-lui de n'employer que la moindre partie de son temps, à faire justice de leurs contradictions, de leurs erreurs, et de l'exagération dans laquelle l'enthousiasme aurait pu les entraîner. Dites-lui qu'il pourrait bien être désavoué par ceux dont il semble vouloir paraître l'émissaire trop zélé. Annoncez-lui que déjà un grand nombre de savans et de médecins reconnaissent dans le magnétisme animal, un agent réel et très-puissant. Qu'il soit persuadé que la crainte de compromettre des intérêts pécuniaires, n'est pas pour les fameux médecins dont il nous menace, une raison de rejeter et de méconnaître le magnétisme. Il apprendra que cette science, qui n'a de nouveau que sa dénomination, est un don du ciel, que c'est l'instinct de la nature, qui de tout temps a agi, et devant lequel les hommes les plus savans ne sont que des êtres faibles et ignorans. Qu'il réfléchisse qu'une infinité de maladies, qui jusqu'à présent sont l'écueil de la médecine, de l'aveu même des gens de l'art, vont trouver leur remède dans le magnétisme animal, pratiqué ou dirigé par les médecins de bonne foi auxquels il appartient plus spécialement d'approfondir cette science, d'en déterminer les lois, de s'en emparer, et de la rendre véritablement utile à l'humanité. »

Comme il n'était plus possible de prolonger cette séance, qui, toute surprenante qu'elle

était, devenait fatigante, je dis au somnambule : Il est temps de finir, je n'ai plus qu'une
question à vous faire. Croyez-vous à la con-
version du rédacteur de l'article du journal
des Débats contre le magnétisme ? J'obtins
pour réponse un mouvement de tête qui
parut équivoque aux assistans, mais qui ne le
fut pas pour moi.

Je me livre donc, Monsieur, à l'espoir
flatteur de vous voir dans peu, le coryphée
du magnétisme animal, l'une de ses plus
solides colonnes, si toutefois vous ne crai-
gnez pas l'exclusion des corps savans. C'est
alors que, devenu digne d'être enrôlé parmi
nous, je prononcerai le *dignus est intrare
in nostro docto corpore*, dont vous avez fait
usage dans votre écrit.

J'ai l'honneur d'être, etc.,

L. B.

Du 17 juillet.

De nouvelles attaques ont été dirigées contre
le magnétisme animal dans le journal des Débats, les 10 et 14 du courant. La dernière fut

insérée officieusement dans celui de Paris. Ces différens écrits furent lus au jeune somnambule dont il est fait mention plus haut. Ceux qui assistèrent à cette lecture, et qui, pour la plupart, s'étaient trouvés à la première séance, voulurent, par curiosité, que cet enfant fût interrogé. Voici ce qu'il répondit dans son sommeil magnétique : « Vous voulez m'entendre, et je vais vous donner des avis. Cessez de répondre à de pareils adversaires; c'est perdre votre temps que de lutter contre l'ignorance et l'entêtement des savans et des gens d'esprit, car les savans ont aussi leur ignorance. Les préjugés quelquefois offusquent leur raison et diminue leurs talens. Le second article du journal des Débats contre le magnétisme animal, en est la triste preuve. L'auteur y est au-dessous de lui-même; son style y est inférieur à celui de ses autres productions. On lui prouvera qu'à chaque phrase, sa logique y est en défaut. Des plaisanteries usées, dont il n'a pas toujours le mérite de l'invention, ne sont point des raisonnemens. Celle concernant la mort de l'auteur *du monde primitif*, et dont on ne peut tirer aucune conclusion décisive, est au moins de la cinquième main, ce qui n'empêche pas notre adversaire de la reproduire dans son premier et dans son second article. L'arme du ridicule ne produit plus d'effet quand elle frappe sans justesse. Nier, et toujours nier des faits attestés par une foule de témoins respectables, accompagnés même d'actes publics, signés par des médecins, par des prêtres, par les personnes guéries, etc... rappelle cet adage latin : *Plus negaret...... quam probaret philosophus.* Les suffrages d'un grand nombre de savans et de médecins distingués de tous les pays, ne sont d'aucune autorité pour la coterie anti-magnétique. Un savant, un philosophe dont la réputation est établie par des productions estimables (M. Deleuze), est en but aux sarcasmes des membres de cette coterie, parce qu'il a osé écrire un livre excellent et classique sur le magnétisme animal, parce qu'il a éclairé cette science du flambeau de la raison et de l'expérience, parce qu'il a enfin proposé un projet de traitement public par les procédés magnétiques, et dirigé par des médecins. Les hommages que le magnétisme recueille dans le Nord, en Allemagne, à Berlin, à Pétersbourg, etc., peuvent bien servir de dédommagemens à tant de petitesses. Le Souverain de toutes les Russies a honoré cette science d'un regard favorable.

Ce philosophe auguste, à la fleur de son âge, victorieux, au faîte de la puissance, qui a su maîtriser ses passions et faire taire la vengeance, a bien daigné se rendre au vœu des savans et des médecins de son vaste Empire, en ordonnant que le magnétisme animal y serait publiquement soumis à des observations, qu'il serait pratiqué sous la direction des médecins, et que chaque semaine il en serait rendu compte au gouvernement. L'humanité de ce Prince éclairé et bienfaisant mériterait des autels. D'aussi nobles procédés sont bien consolans pour les amateurs du magnétisme. Ils peuvent désormais mépriser les attaques envenimées de ces Zoïles qu'anime un esprit de parti. Laissez-les répéter dans leurs écrits que *le magnétisme est une science puérile, décriée, dont les principes sont dangereux*. C'est en vain qu'ils vous appellent *superstitieux et fanatiques*. Leur philosophie est si profonde, qu'ils ne s'aperçoivent pas que cette science est au contraire destinée à arracher le poignard des mains trop souvent ensanglantées de l'intolérance, de la superstition et du fanatisme. Non contens de vous prodiguer des épithètes peu mesurées, ils ajoutent des imputations calomnieuses. A les entendre, le magnétisme est comme la boîte de Pandore, qui doit répandre tous les maux sur la terre. Suivant eux, cette science ne peut que nuire *à la médecine, aux bonnes mœurs, à la religion, et enfin au gouvernement.* De pareils adversaires n'auraient-ils pas été formés à l'école de Bartholo et de D. Bazile? Celui-ci leur a dit : Voulez-vous vous défaire de ceux qui vous déplaisent, calomniez-les à dire d'expert.... Les méchancetés les plus plates, les imputations les plus absurdes produisent toujours leur effet. La calomnie, la calomnie, il faut toujours en venir là....! Et Bartholo leur indique cet autre moyen : *Les journaux et l'autorité vous feront raison* du magnétisme. Ils ignorent donc que l'autorité veut être éclairée, et non se laisser persuader par des déclamations. La surveillance sans doute est nécessaire, car de quelle science ne pourrait-on pas abuser? Laissez vos détracteurs vous injurier et déraisonner avec esprit si cela leur convient. Puisqu'enfin ils sont incapables de discuter une science profonde, parce qu'ils ne la connaissent pas, et qu'ils ne savent vous attaquer que par de fades plaisanteries, par des per-

sonnalités et par des calomnies, honorez-les
d'un profond silence. »

Ce furent les dernières paroles du somnambule, et son réveil mit fin à sa conversation.

L. B.

FIN.